はじめに

　近年、イノシシ、シカ、サル等の生息分布域の拡大、農山漁村における過疎化や高齢化の進展による耕作放棄地の増加等に伴い、鳥獣による農林水産業被害は、中山間地域等を中心に、全国的に深刻化している状況にあります。

　このように深刻化する鳥獣被害に対応するため、「鳥獣による農林水産業等に係る被害の防止のための特別措置に関する法律」（鳥獣被害防止特措法）が制定され、平成20年2月より施行されました。

　今後は、各地域において鳥獣被害防止特措法に基づき、市町村による被害防止計画の作成が進み、被害防止計画に基づく被害防除、生息環境管理、個体数調整の取り組みが総合的に実施されていくこととなります。本書がそのお役に立てれば幸いです。

　なお、本書において意見にわたる部分は、執筆者の個人的な見解によるものであることをお断りいたします。

　平成21年3月

農林水産省生産局農業生産支援課
鳥獣被害対策室課長補佐

野津　喬

農林水産省農作物野生鳥獣被害対策アドバイザー
栃木県猟友会足利 和(なごみ)支部会員

須永　重夫

CONTENTS

はじめに

第1章 被害の現状

鳥獣被害の現状 ——————————————————————— 3
鳥獣被害が深刻化している原因 ———————————————— 4
イノシシの特徴 ——————————————————————— 6
シカの特徴 ————————————————————————— 7
サルの特徴 ————————————————————————— 8
アライグマの特徴 —————————————————————— 9
カワウの特徴 ———————————————————————— 10
コラム 多様な鳥獣による被害 ———————————————— 11

第2章 鳥獣被害対策関係の制度

都道府県が作成する鳥獣保護事業計画、特定鳥獣保護管理計画 ——— 15
市町村が作成する被害防止計画 ———————————————— 16
鳥獣を捕獲する際の手続き —————————————————— 26
外来生物の防除 ——————————————————————— 30

第3章 被害防止技術の基礎

総合的な鳥獣被害対策の重要性 ———————————————— 35
コラム イノシシ、シカ、サルを減らすには ————————————— 36
　　　　どのぐらい捕獲すればよいのか。
鳥獣を寄せ付けにくい営農管理 ———————————————— 37

追い払い活動	38
〈コラム〉モンキードッグの取り組み	39
緩衝地帯の整備	41
侵入防止柵設置の注意点	42
侵入防止柵の管理	44

第4章 鳥獣の捕獲技術

箱ワナによる捕獲は設置場所が重要	47
箱ワナの設置方法のポイント	52
箱ワナ捕獲でのエサのポイント	53
侵入防止柵と組み合わせた箱ワナでの捕獲	54
箱ワナの管理は地域全体で	57
箱ワナ捕獲での止め刺しのポイント	58

第5章 捕獲鳥獣の利活用

捕獲鳥獣の利活用の現状	61
捕獲鳥獣の肉利用についての規制	63
イノシシの肉処理のポイント①（血抜き）	64
イノシシの肉処理のポイント②（皮剥ぎ）	66
イノシシの肉処理のポイント③（肉の切り分け）	70
簡単に作れるイノシシ料理	71
〈参考〉鳥獣被害対策に関する官庁窓口	72
参照文献	73

第1章

被害の現状

この章では、鳥獣被害の現状や被害を発生させている鳥獣の特徴について、ご説明します。

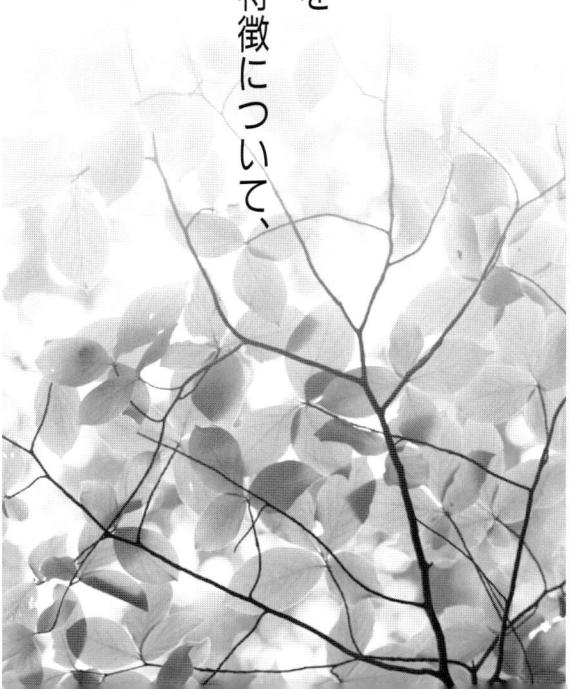

鳥獣被害の現状

1. 少雪化や農山漁村の過疎化等に伴う鳥獣の生息域の拡大等に伴って、近年、中山間地域を中心として鳥獣による農林水産業被害が広域化・深刻化しており、農作物の被害金額は200億円前後で高止まりしています。

2. また、シカ等による森林被害面積が5～8千haで推移しているほか、トド等による漁業被害が毎年10億円以上発生しています。

3. さらに、鳥獣被害は、金額として現れる被害に加えて、収穫間際に被害を受けることによって営農意欲の減退をもたらすなど、農山漁村の暮らしに深刻な影響を与えています。

野生鳥獣による農作物被害金額の推移（農林水産省調べ）

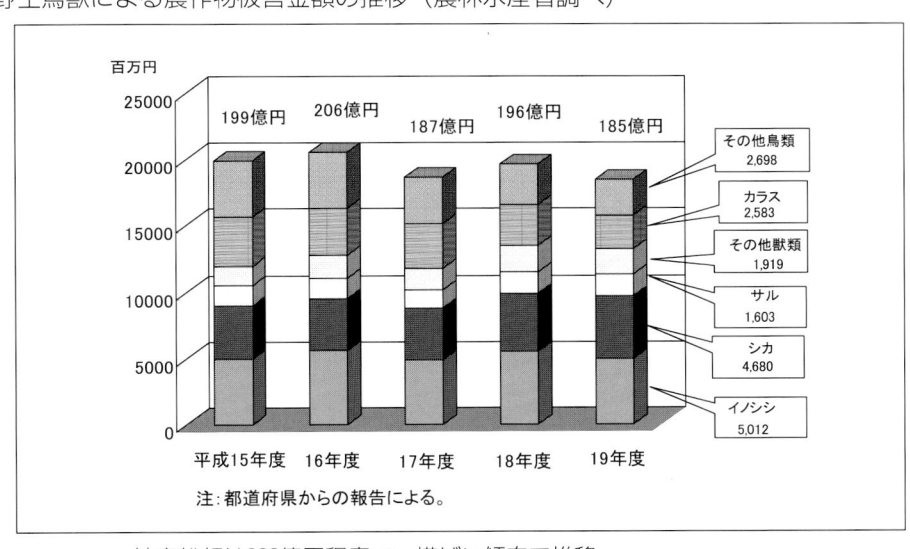

平成15年度	199億円
16年度	206億円
17年度	187億円
18年度	196億円
19年度	185億円

平成19年度内訳（百万円）:
- その他鳥類 2,698
- カラス 2,583
- その他獣類 1,919
- サル 1,603
- シカ 4,680
- イノシシ 5,012

注：都道府県からの報告による。

- 被害総額は200億円程度で、横ばい傾向で推移。
- うち獣類が7割、鳥類が3割を占める。
- 特に、イノシシ、シカ、サルの被害が獣類被害の約9割を占める。

鳥獣被害が深刻化している原因

1. 野生鳥獣による農林水産業被害が深刻化している原因については、複数の要因が複合的に関係していると考えられます。

2. 特に、
   ① 近年の少雪傾向により、鳥獣の死亡率が低下するとともに、生息適地が拡大したこと
   ② 農山漁村の過疎化、高齢化等により、里山での人間の活動が低下するとともに、鳥獣の隠れ家やエサ場となる耕作放棄地が増加したこと
   ③ 狩猟者の減少、高齢化等により、狩猟による捕獲圧力が低下したこと
   等が主な原因として考えられます。

○　野生鳥獣の生息分布域の拡大
　環境省の調査によれば、昭和53年〜平成15年にかけて、野生鳥獣の生息分布域は全国でイノシシは1.3倍、シカは1.7倍、サルは1.5倍に拡大しています。（環境省生物多様性センター「自然環境保全基礎調査」）

○ 狩猟免許交付者数の動向

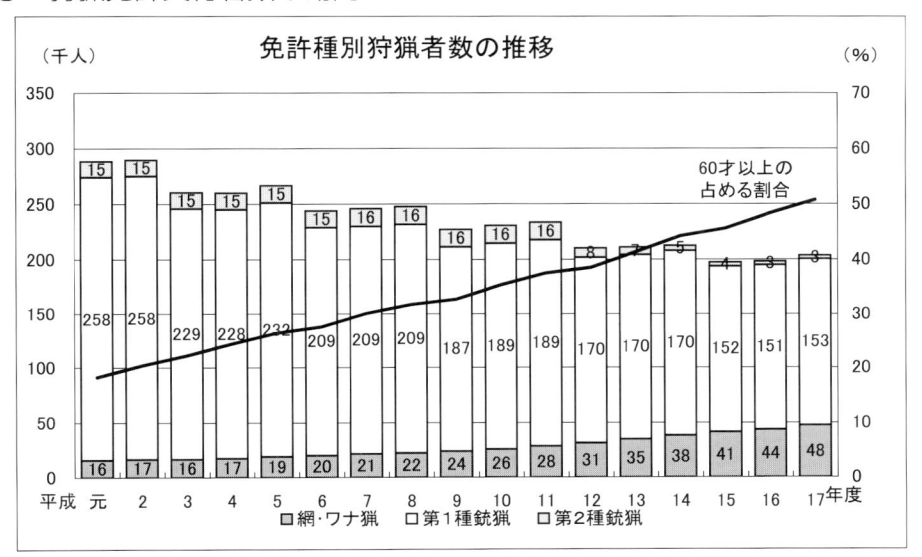

免許種別狩猟者数の推移

（千人）／（％）／60才以上の占める割合

年度	網・ワナ猟	第1種銃猟	第2種銃猟
平成元	15	258	16
2	15	258	17
3	15	229	16
4	15	228	17
5	15	232	19
6	15	209	20
7	16	209	21
8	16	209	22
9	16	187	24
10	16	189	26
11	16	189	28
12	8	170	31
13	7	170	35
14	5	170	38
15	4	152	41
16	3	151	44
17年度	3	153	48

注：平成14年度から甲種が網・ワナ猟、乙種が第1種銃猟（装薬銃）、丙種が第2種銃猟（空気銃）となっている。
環境省：鳥獣関係統計「狩猟免状交付状況」より

被害の現状を知りたい

イノシシの特徴

1. イノシシは繁殖能力が高く、通常、生後1年半で成熟し、年1回の繁殖で4～5頭を出産します。

2. 農業被害については、乳熟期の水稲や果樹、野菜などの食害のほか、水田での泥浴びによる水稲の倒伏等の被害が発生しています。

3. また、耕作放棄地に発生した葛（クズ）の根茎、竹林のタケノコを好むほか、畦などを掘り返してミミズや昆虫の幼虫等を食べます。

4. イノシシの被害は、地域別に見ると西日本の被害が多いものの、近年、少雪化の影響等により被害地域が東日本に拡大している傾向にあります。

（出典）（独）農業・食品産業技術総合研究機構中央農業総合研究センター近畿中国四国農業研究センターホームページ

シカの特徴

1. シカは通常、生後1年で成熟し、年1回の繁殖で1頭を出産します。

2. 被害については、飼料作物、水稲などの農業被害のほか、枝葉や樹皮の食害、角こすりによる皮剥ぎ等の森林被害も発生しています。

3. また、シカは反すう動物であるため、一部の有毒な植物を除いて1,000種類以上の植物の葉、樹皮、果実をエサとしており、農作物以外にも集落周辺の雑草の大半がシカのエサになります。

4. シカは北海道から沖縄まで雪の多い地域を除いて全国的に分布しており、生息域は全国的に拡大している傾向にあります。

(出典)(独)農業・食品産業技術総合研究機構中央農業総合研究センター近畿中国四国農業研究センターホームページ

サルの特徴

1. サルは通常、6～7歳で初めて子供を産み、それ以降、3～4年ごとに1頭を出産します。
   ただし、農作物を多く食べているなどの理由で栄養状態の良いサルは、5～6歳で初めて子供を産み、1～2年ごとに出産するなど、繁殖能力が高まる結果、個体数の増加率が高くなります。

2. サルは、大人のメスと子供を中心とした数十頭程度の群れを作ります。群れが100頭前後になると、群れが分裂する可能性が高くなります。
   オスは、4～5歳ぐらいになると群れを離れ、他の群れに入るか単独行動を取るようになります。

3. サルの被害は、果樹、野菜などを中心に幅広い品目で発生しています。サルはトウガラシやコンニャク、ゴボウなどの特定の農作物を除く、ほとんどの農作物を食害します。

4. サルは全国的に分布しており、特に東日本で生息地域が拡大している傾向にあります。

（独）森林総合研究所　大井　徹氏　撮影

アライグマの特徴

1. 近年、アライグマによる農作物被害が全国で拡大しています。

2. アライグマの被害が広がっているのは、ペットとして輸入飼育されていた個体が逃亡して野生化したものが、高い繁殖能力（通常、年1回の繁殖で3～4頭を出産します。）と日本が生息環境として適していたこと等から、その生息域が拡大しているためと考えられます。

3. アライグマは雑食性のため、農業被害のほか、水産被害や畜産被害も発生しています。

○アライグマによる農作物被害金額

単位：万円

年　度	15	16	17	18	19
アライグマ	7,867	12,862	15,481	16,388	21,135

（農林水産省調べ）

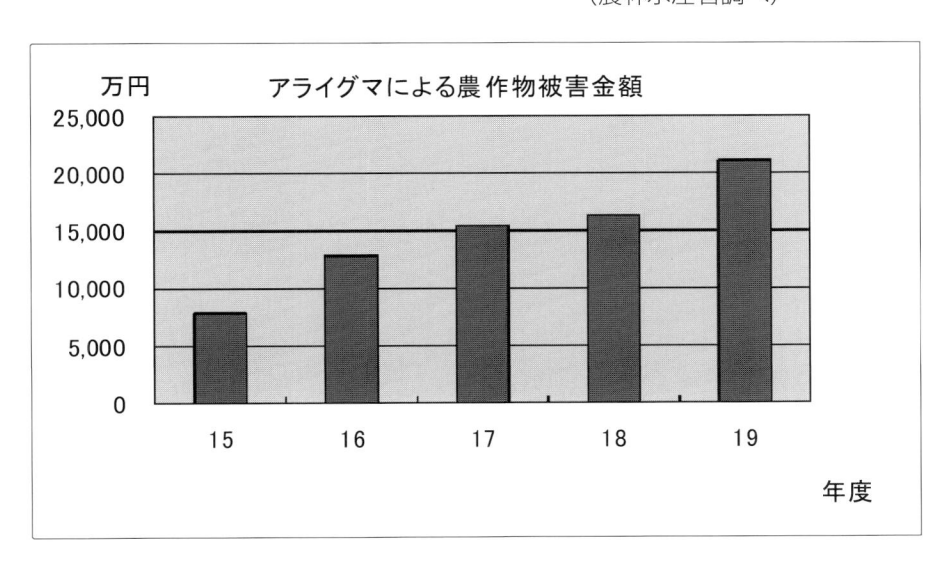

被害の現状を知りたい

カワウの特徴

1. カワウは1970年代後半までは個体数が急激に減少していましたが、1980年代以降は、個体数の増加や生息域の拡大等によって、アユなどの漁業被害が全国的に拡大しています。

2. カワウは主に水辺の林に集団ですみかを作り、湖沼や河川に広域的に飛来して、1日に300～500ｇの魚を食べます。通常、年に1度、1～7個の卵を産んで繁殖します。

（出典）国土交通省関東地方整備局霞ヶ浦河川事務所ホームページ

（コラム）
多様な鳥獣による被害

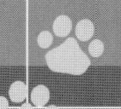

1. イノシシ、サル、シカ、アライグマ、カワウ以外にも、全国で多様な鳥獣による被害が発生しています。

2. 例えば、トドについては、漁具の破損や漁獲物の食害等により、北海道だけでも毎年、10億円以上の被害が発生しています。

3. また、アライグマによる被害と混同されることがありますが、ハクビシンによる被害も全国で拡大しています。ハクビシンは果樹の食害が多いほか、民家の天井裏に住み着いてフン被害をもたらすなどの生活被害も発生させています。

ハクビシン

（出典）農林水産省「野生鳥獣被害防止マニュアル　ーハクビシンー」

第2章

鳥獣被害対策関係の制度

この章では、鳥獣被害対策に関係する制度について、ご説明します。

都道府県が作成する鳥獣保護事業計画、特定鳥獣保護管理計画

1. 都道府県では、鳥獣保護法に基づいて、鳥獣保護事業計画を作成することとされています。

2. 鳥獣保護事業計画においては、鳥獣被害対策関係の事項としては、鳥獣の捕獲に関する許可基準等が定められています。

3. また、都道府県では、著しく増えすぎた（または減りすぎた）鳥獣の保護管理を図るため、鳥獣保護法に基づいて「特定鳥獣保護管理計画」を作成することができます。

4. 特定鳥獣保護管理計画においては、都道府県における対象とする鳥獣の保護管理の目標（個体数など）や保護管理事業の内容（個体数管理、生息環境管理など）等を定めることとされています。複数の都道府県において、イノシシ、シカ、サル等についての特定鳥獣保護管理計画が作成されています。

市町村が作成する被害防止計画

1. 市町村においては、鳥獣被害防止特措法に基づいて、被害防止計画を作成することができます。

2. 被害防止計画を作成した市町村については、
   ① 市町村が負担する鳥獣被害対策の経費について、特別交付税措置が5割から8割に拡充されます
   ② 農林水産省などの補助事業による支援を受けることができます
   ③ 鳥獣被害対策実施隊を設置することができ、捕獲を担当する隊員については狩猟税が通常の2分の1に軽減されます
   ④ 鳥獣保護法によって原則として都道府県が持っている鳥獣の捕獲許可権限の委譲を希望することができます
   等の措置が講じられます。

3. なお、被害防止計画を作成するに当たっては、都道府県が作成する鳥獣保護事業計画や特定鳥獣保護管理計画との整合性を取る必要があり、また、公表する前に都道府県に協議することが必要です。

> 【鳥獣被害対策実施隊】
> 　鳥獣被害防止特措法では、市町村は被害防止計画に基づく取り組みを実施するため、鳥獣被害対策実施隊を設置できるとされています。
> 　鳥獣被害対策実施隊については、捕獲を担当する隊員については狩猟税が通常の2分の1に軽減されるほか、鳥獣被害対策実施隊の活動経費の8割が特別交付税措置される等の支援措置があります。

鳥獣被害防止特措法の概要

目 的

鳥獣による農林水産業等に係る被害の防止のための施策を総合的かつ効果的に推進し、農林水産業の発展及び農山漁村地域の振興に寄与します。

内 容

農林水産大臣が被害防止施策の基本指針を作成します。

⇓

基本指針に即して、市町村が被害防止計画を作成します。

被害防止計画を定めた市町村に対して、被害防止施策を推進するための必要な措置が講じられます。

具体的な措置

⇓

- **権限委譲** → 都道府県に代わって、市町村自ら被害防止のための鳥獣の捕獲許可の権限を行使できます。
- **財政支援** → 地方交付税の拡充、補助事業による支援など、必要な財政上の措置が講じられます。
- **人材確保** → 鳥獣被害対策実施隊を設け、民間の隊員については非常勤の公務員とし、狩猟税の軽減措置等の措置が講じられます。

施行期日

施行期日は平成20年2月21日です。

鳥獣被害防止特措法と鳥獣保護法との関係図

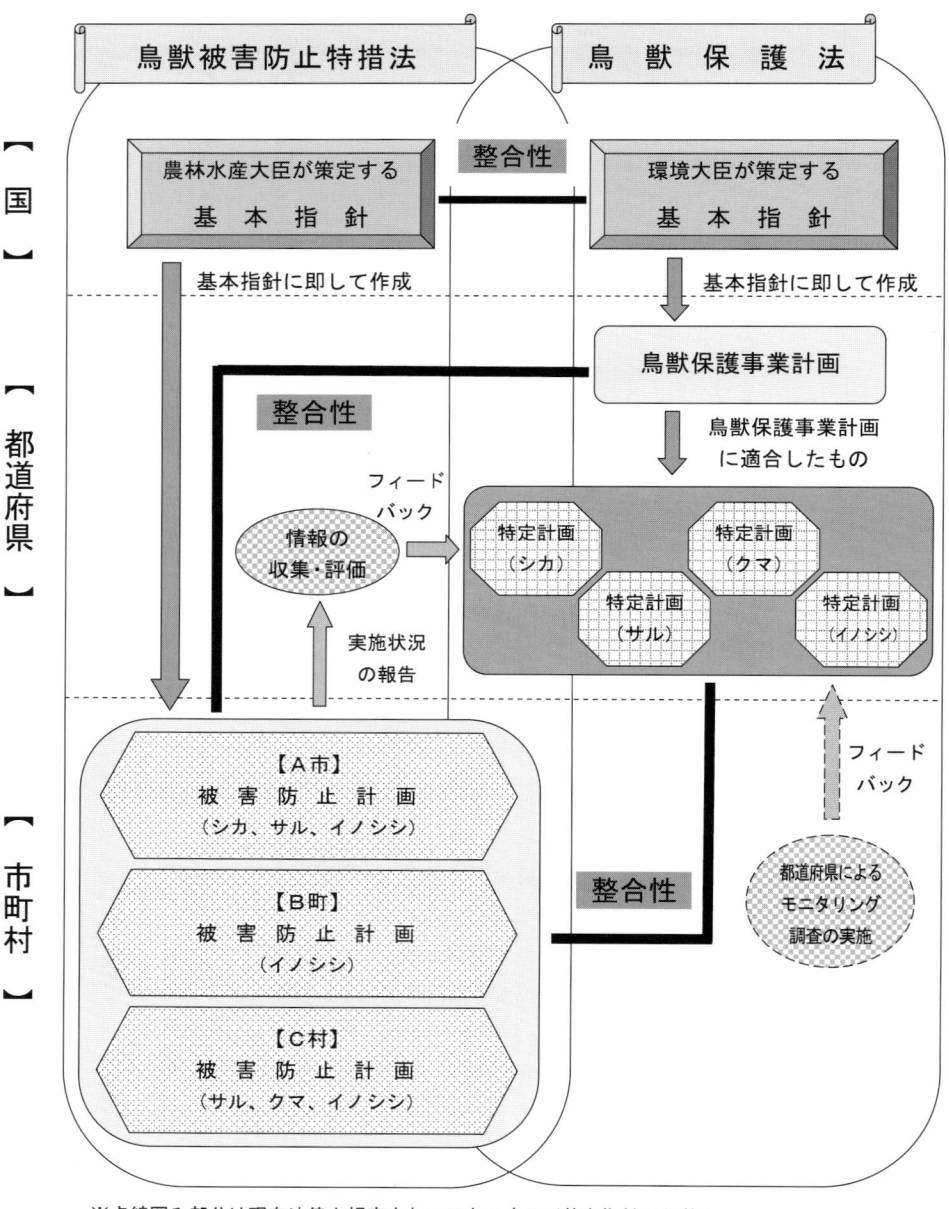

【国】
- 鳥獣被害防止特措法: 農林水産大臣が策定する **基本指針**
- 鳥獣保護法: 環境大臣が策定する **基本指針**
- 両者の間に「整合性」

【都道府県】
- 基本指針に即して作成
- 鳥獣保護法側：鳥獣保護事業計画 → 鳥獣保護事業計画に適合したもの
- 特定計画（シカ）、特定計画（クマ）、特定計画（サル）、特定計画（イノシシ）
- 情報の収集・評価 → フィードバック
- 実施状況の報告
- 「整合性」

【市町村】
- 【A市】被害防止計画（シカ、サル、イノシシ）
- 【B町】被害防止計画（イノシシ）
- 【C村】被害防止計画（サル、クマ、イノシシ）
- 都道府県によるモニタリング調査の実施 → フィードバック
- 「整合性」

※点線囲み部分は現在法律上規定されていないもの（基本指針に記載）。

第2章 鳥獣被害対策関係の制度

○　鳥獣被害防止特措法に基づく被害防止計画の様式例

計画作成年度	
計画主体	

〇〇市鳥獣被害防止計画

＜連絡先＞
担 当 部 署 名
所　　在　　地
電 話 番 号
Ｆ Ａ Ｘ 番 号
メールアドレス

（注）1　共同で作成する場合は、すべての計画主体を掲げるとともに、代表となる計画主体には（代表）と記入する。
　　　2　被害防止計画の作成に当たっては、別添留意事項を参照の上、記入等すること。

1．対象鳥獣の種類、被害防止計画の期間及び対象地域

対象鳥獣	
計画期間	平成　　年度～平成　　年度
対象地域	

（注）1　計画期間は、3年程度とする。
　　　2　対象地域は、単独で又は共同で被害防止計画を作成する全ての市町村名を記入する。

2．鳥獣による農林水産業等に係る被害の防止に関する基本的な方針
 (1) 被害の現状（平成　　年度）

鳥獣の種類	被害の現状	
	品目	被害数値

（注）主な鳥獣による被害品目、被害金額、被害面積（被害面積については、水産業に係る被害を除く。）等を記入する。

 (2) 被害の傾向

（注）1　近年の被害の傾向（生息状況、被害の発生時期、被害の発生場所、被害地域の増減傾向等）等について記入する。
　　　2　被害状況がわかるようなデータ及び地図等があれば添付する。

 (3) 被害の軽減目標

指標	現状値（平成　　年度）	目標値（平成　　年度）

（注）1　被害金額、被害面積等の現状値及び計画期間の最終年度における目標値を記入する。
　　　2　複数の指標を目標として設定することも可能。

(4) 従来講じてきた被害防止対策

	従来講じてきた被害防止対策	課　題
捕獲等に関する取組		
防護柵の設置等に関する取組		

(注) 1　計画対象地域における、直近3ヶ年程度に講じた被害防止対策と課題について記入する。
　　 2　「捕獲等に関する取組」については、捕獲体制の整備、捕獲機材の導入、捕獲鳥獣の処理方法等について記入する。
　　 3　「防護柵の設置等に関する取組」については、侵入防止柵の設置・管理、緩衝帯の設置、追上げ・追払い活動、放任果樹の除去等について記入する。

(5) 今後の取組方針

(注)　被害の現状、従来講じてきた被害防止対策等を踏まえ、被害軽減目標を達成するために必要な被害防止対策の取組方針について記入する。

3．対象鳥獣の捕獲等に関する事項
　(1) 対象鳥獣の捕獲体制

(注) 1　鳥獣被害対策実施隊のうち対象鳥獣捕獲員の指名又は任命、狩猟者団体への委託等による対象鳥獣の捕獲体制を記入するとともに、捕獲に関わる者のそれぞれの取組内容や役割について記入する。
　　 2　対象鳥獣捕獲員を指名又は任命する場合は、その構成等が分かる資料があれば添付する。

(2) その他捕獲に関する取組

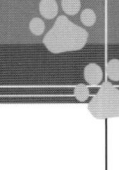

年度	対象鳥獣	取組内容

（注）　捕獲機材の導入、鳥獣を捕獲する担い手の育成・確保等について記入する。

(3) 対象鳥獣の捕獲計画

捕獲計画数等の設定の考え方

（注）　近年の対象鳥獣の捕獲実績、生息状況等を踏まえ、捕獲計画数等の設定の考え方について記入する。

対象鳥獣	捕獲計画数等		
	年度	年度	年度

（注）　対象鳥獣の捕獲計画数、個体数密度等を記入する。

捕獲等の取組内容

（注）1　わな等の捕獲手段、捕獲の実施予定時期、捕獲予定場所等について記入する。
　　　2　捕獲等の実施予定場所を記した図面等を作成している場合は添付する。

⑷　許可権限委譲事項

対象地域	対象鳥獣

（注）１　都道府県知事から市町村長に対する有害鳥獣捕獲等の許可権限の委譲を希望する場合は、捕獲許可権限の委譲を希望する対象鳥獣の種類を記入する（鳥獣による農林水産業等に係る被害の防止のための特別措置に関する法律（平成19年法律第134号。以下「法」という。）第４条第３項）。
　　　２　対象地域については、複数市町村が捕獲許可権限の委譲を希望する場合は、該当する全ての市町村名を記入する。

４．防護柵の設置その他の対象鳥獣の捕獲以外の被害防止施策に関する事項
⑴　侵入防止柵の整備計画

対象鳥獣	整備内容		
	年度	年度	年度

（注）１　設置する柵の種類、設置規模等について記入する。
　　　２　侵入防止柵の設置予定場所を記した図面等を作成している場合は添付する。

⑵　その他被害防止に関する取組

年度	対象鳥獣	取組内容

（注）　侵入防止柵の管理、緩衝帯の設置、里地里山の整備、追上げ・追払い活動、放任果樹の除去等について記入する。

5．被害防止施策の実施体制に関する事項
(1) 被害防止対策協議会に関する事項

被害防止対策協議会の名称	
構成機関の名称	役割

(注)1 関係機関等で構成する被害防止対策協議会を設置している場合は、その名称を記入するとともに、構成機関欄には、当該協議会を構成する関係機関等の名称を記入する。
　　2 役割欄には、各構成機関等が果たすべき役割を記入する。

(2) 関係機関に関する事項

関係機関の名称	役割

(注)1 関係機関欄には、対策協議会の構成機関以外の関係機関等の名称を記入する。
　　2 役割欄には、各関係機関等が果たすべき役割を記入する。
　　3 被害防止対策協議会及びその他の関係機関からなる連携体制が分かる体制図等があれば添付する。

(3) 鳥獣被害対策実施隊に関する事項

(注) 法第9条に基づく鳥獣被害対策実施隊を設置している場合は、その規模、構成等を記入するとともに、実施体制がわかる体制図等があれば添付する。

⑷　その他被害防止施策の実施体制に関する事項

（注）　その他被害防止施策の実施体制に関する事項について記載する。

６．捕獲等をした対象鳥獣の処理に関する事項

（注）　肉としての利活用、鳥獣の保護管理に関する学術研究への利用、適切な処理施設での焼却、捕獲現場での埋設等、捕獲等をした鳥獣の処理方法について記入する。

７．その他被害防止施策の実施に関し必要な事項

（注）　その他被害防止施策の実施に関し必要な事項について記入する。

鳥獣を捕獲する際の手続き

1. 鳥獣保護法に基づき、農林水産業に被害を及ぼしている鳥獣を捕獲するための方法としては、
   ① 狩猟による捕獲
   ② 有害捕獲（許可捕獲）
   の2とおりがあります。

2. 狩猟による捕獲は、狩猟免許を取得し、毎年度、猟期前に狩猟者登録を行えば、狩猟期間内は個別に手続きを行うことなく捕獲を行うことが可能ですが、捕獲対象は49種類の狩猟鳥獣のみとなります。

3. 農林水産業等の被害防止のために行う有害捕獲（許可捕獲）は、捕獲対象は狩猟鳥獣に限らず、また、狩猟期間外であっても1年を通じて捕獲が可能ですが、有害捕獲を行うためには、その都度、都道府県知事（許可権限が委譲されている場合は市町村長）の許可を受ける必要があります。

4. なお、天然記念物のカモシカ等を捕獲するためには、文化財保護法に基づき、文化庁長官の許可を得ることが必要となっており、許可を得るためには、原則として都道府県による特定鳥獣保護管理計画（15頁を参照）の作成が必要です。

○ 狩猟と有害捕獲

	狩　猟	有害捕獲（許可捕獲）
対象鳥獣	49種類の狩猟鳥獣	狩猟鳥獣以外の鳥獣も捕獲可能
要　件	狩猟免許及び狩猟者登録を受けた者	原則として、狩猟免許を受けた者
期　間	狩猟期間に限定 【狩猟期間】 ○北海道以外：11/15～2/15 　（※猟区では10/15～3/15） ○北海道：10/1～1/31 　（※猟区では9/15～2月末）	1年中いつでも可能 （狩猟期間外でも可能）
対象区域	禁止区域（鳥獣保護区及び休猟区等）以外の区域	全ての地域（鳥獣保護区等を含む）
手続き	上記の要件を満たしていれば、個別の手続きは不要	都道府県知事（許可権限が委譲されている場合は市町村長）の許可が必要

○ 狩猟鳥獣の一覧（平成19年6月現在）

【獣類（20種）】
タヌキ、キツネ、ノイヌ、ノネコ、テン（亜種ツシマテンを除く）、イタチ（オスに限る）、チョウセンイタチ（オスに限る）、ミンク、アナグマ、アライグマ、ヒグマ、ツキノワグマ、ハクビシン、イノシシ、ニホンジカ、タイワンリス、シマリス、ヌートリア、ユキウサギ、ノウサギ
【鳥類（29種）】
カワウ、ゴイサギ、マガモ、カルガモ、コガモ、ヨシガモ、ヒドリガモ、オナガガモ、ハシビロガモ、ホシハジロ、キンクロハジロ、スズガモ、クロガモ、エゾライチョウ、ウズラ、ヤマドリ（亜種コシジロヤマドリを除く）、キジ、コジュケイ、バン、ヤマシギ、タシギ、キジバト、ヒヨドリ、ニュウナイスズメ、スズメ、ムクドリ、ミヤマガラス、ハシボソガラス、ハシブトガラス

狩猟免許取得の申請手続き

```
申請者 ── 問い合わせ先
 │        各都道府県の
 │        地方機関等
 │ 申請
 ▼
都道府県知事
※申請者の
 住所地へ
 │
 │ 試験の実施（年1回以上）
 ▼
狩猟免許試験
①適性試験
②知識試験
③技能試験
 │
 │ 狩猟免状交付
 ▼
合格者
```

提出書類
1. 申請書（写真、返信用封筒、医師の診断書を添付）
2. 手数料（標準5,300円）

※医師の診断書
・精神障害者等でないこと
・麻薬、大麻、あへん又は覚せい剤の中毒者でないこと

更新をお忘れなく
講習受講、適性検査

狩猟免許の効力
　①期　間　3年（更新後も3年）
　②場　所　全国の区域

捕獲許可の申請手続き

```
[申請者] ← 有害鳥獣捕獲をしようとする者
    ↓
問い合わせ先：捕獲する場所の市町村又は都道府県の地方機関等
    ↓
[都道府県知事又は市町村長等] ---→ 都道府県知事が策定した有害捕獲許可基準
    ↓                              ・許可対象者（被害者又は被害者から依頼された者）
[審査] ←------------------------  ・対象種、捕獲数
    ↓                              ・猟法
[許可]                             ・場所
    ↓ 交付                         ・捕獲個体の処理方法
[許可証（従事者証）]                ※ 鳥獣の種類によっては、市町村長に許可権限を委譲している場合もあります。
 ・有効期間
 ・条件
```

許可を受けた者の義務
・有害捕獲時に許可証（従事者証）の携帯
・有害捕獲の結果の報告

被害対策の制度を知りたい

外来生物の防除

1. 近年、アライグマなどの外来生物による農林水産業被害が深刻化しています。

2. このような外来生物による被害に対応するため、外来生物法に基づく確認（または認定）を受けた地方公共団体等が行う被害防除については、26頁で説明した捕獲許可をその都度受けることなく、外来生物の捕獲を実施することができます。

3. 外来生物の防除について確認（または認定）を受けようとするときは、対象とする外来生物の種類、防除を行う区域と期間、防除の目標等を記載した申請書を環境省地方環境事務所に提出することが必要です。

【外来生物法】
　外来生物法は、海外から持ち込まれた外来生物による生態系、人の生命・身体、農林水産業への被害の防止を目的として、
① 外来生物の飼養、栽培、保管、運搬、輸入等の規制
② 外来生物の防除
を図るため、制定された法律です。
　農林水産業に被害をもたらす鳥獣としては、アライグマ、ヌートリア等が対象となっています。

○ 外来生物法に基づく防除実施計画書の様式

特定外来生物の防除の確認又は認定申請書

　特定外来生物の防除を行いますので、防除に係る（□確認／□認定）を受けたく、特定外来生物による生態系等に係る被害の防止に関する法律（平成16年法律第78号）（□第18条第１項／□第18条第２項）の規定により、次のとおり申請します。

平成　　年　　月　　日

殿
殿

　　　　　　　　　　申請者の住所：　　　　　　　氏　名：　　（ふりがな）　　　　印
　　　　　　　　　　電話番号：　　　　　　　　　職　業：

［法人にあっては、主たる事務所の所在地及び名称、電話番号、代表者の氏名（記名押印又は代表者の署名）並びに主たる事業を記載すること］

1.申請の種類	□確認（法第18条第１項）　／　□認定（第18条第２項） □新規　／　□申請内容変更	
2.防除の内容の概要	1)特定外来生物の種類	
	2)区域	
	3)期間	平成　年　月　日　～　平成　年　月　日
	4)目標	
	5)防除の方法	（捕獲等をした特定外来生物の取扱い：□飼養等　／　□殺処分）
3.添付図面等	□区域図、□防除実施計画書、□定款又は寄付行為 □申請者の略歴を示した書類、□過去３年間の活動実績を記載した書類	
4.備考		
担当者連絡先 （本申請に係る担当者情報を記載）	氏名	所属・役職
	住所	
	電話番号	電子メールアドレス

被害対策の制度を知りたい

（記載上の注意事項）
　申請書の記載に当たっては、以下の注意事項に沿って記載すること。なお、□欄がある項目については、該当するものを選択し、チェック（レ）を入れること。

１．申請の種類
　　申請の内容に応じて、確認又は認定のいずれかを選択すること。また、新規又は申請内容変更のいずれかを選択すること。

２．防除の内容の概要
　　防除実施計画書に基づき、その概要について以下の事項について記載すること。
　1) 特定外来生物の種類：防除の対象として捕獲等をする特定外来生物の種類名について、和名及び学名（和名が存在しない場合は学名のみ）を記載すること（複数の特定外来生物について捕獲等をする場合は、全ての種類名を記載すること。）。
　2) 区域：防除を行う区域について、具体的に記載すること。
　3) 期間：防除を行う期間について記載すること。
　4) 目標：防除の目標について記載すること。
　5) 防除の方法：防除を行う方法、使用又は設置する機材等について記載し、捕獲等をした特定外来生物の取扱いについて飼養等又は殺処分のいずれかを選択すること。

３．添付図面等
　　区域図については、適正な縮尺のものとする。なお、定款又は寄付行為及び過去３年間の活動実績を記載した書類については、防除の認定の際にのみ添付するものとする。また、個人が防除の認定の申請を行う場合は定款又は寄付行為の添付は不要とする。

４．備考
　　他の法令の規定により、当該防除に伴い行政庁の許可、認可その他の処分又は届出を必要とするものであるときは、その手続きの進捗状況を記入すること。

第3章

被害防止技術の基礎

この章では、被害を防ぐための対策技術について、ご説明します。

総合的な鳥獣被害対策の重要性

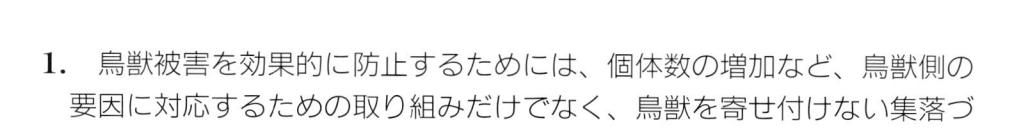

1. 鳥獣被害を効果的に防止するためには、個体数の増加など、鳥獣側の要因に対応するための取り組みだけでなく、鳥獣を寄せ付けない集落づくりなど、人間側の取り組みを充実させることが重要です。

2. 具体的には、
   ① 鳥獣を農地に寄せ付けないための侵入防止柵の設置、追い払い活動等の「被害防除」
   ② 鳥獣の隠れ場所となる藪の刈り払い等の「生息環境管理」
   ③ 捕獲による「個体数調整」
   を総合的に実施することが重要です。

3. また、地域に生息する鳥獣の種類や被害の状況、営農形態など、地域の状況を踏まえた効果的な対策を実施するためには、市町村、農林漁業団体、猟友会、都道府県の普及指導機関などの関係者が連携して、地域全体で被害対策に取り組むことが重要です。

◎鳥獣被害防止対策の基本的な考え方

- 人と鳥獣の棲み分けが重要

- 鳥獣が里に出没する背景
  ・里山の環境や生活様式等の変化
  ・個体数の増加や行動域の拡大
  ・被害対策についての知識等が不十分

【個体数調整】
・県の計画に基づく個体数管理
・有害捕獲及び狩猟による捕獲
・分布域等の把握　等

総合的な取り組み

【生息環境管理】
・居住地周辺の里地里山の整備活動の推進（鳥獣の隠れ場所となる藪などの刈り払い等）
・生息環境にも配慮した森林の整備及び保全活動の推進

【被害の防除】
・鳥獣を引き寄せない取り組みの推進（未収穫果実の除去や耕作放棄地の解消等）
・農耕地への侵入防止（侵入防止柵の設置や追い払い体制の整備等）

(コラム) イノシシ、シカ、サルを減らすにはどのぐらい捕獲すればよいのか。

1. 鳥獣の数を減らすために必要な捕獲割合については、鳥獣が１度に産む子供の数や、その生存率等によって異なりますが、複数の専門家からの聞き取りによれば、個体数を減少させるためには、生息している個体のうち、
   ① イノシシについては、５～６割
   ② シカについては、１～３割
   ③ サルについては、１割
   を毎年捕獲する必要があるとのことです。

2. 繁殖能力が高く、通常、年１回の繁殖で４～５頭を出産するイノシシなどは、個体数を減らすためには、このように非常に多くの個体数を捕獲する必要があるため、捕獲対策のみによって被害を防ぐことは困難です。

3. 従って、被害を防止するためには捕獲だけでなく、侵入防止柵の設置等を含めた、総合的な対策を行うことが重要なのです。

鳥獣を寄せ付けにくい営農管理

1. 鳥獣にとっては、農地に作付けされた農作物だけでなく、人間には価値がないように見えるものでも、貴重なエサとなります。

2. 例えば、
   ① ゴミ捨て場に山積みされた野菜の残さ
   ② 稲刈り後のひこばえ（二番穂）
   ③ 収穫せずに放置されたカキ、クリ、クワなどの実
   などは、どれも鳥獣にとっては魅力的なエサとなります。

3. これらの「人間にとっては価値がない」けれども「鳥獣にとっては魅力あるエサ」を減らしていく取り組みは、集落に鳥獣を寄り付かせない、言い換えれば、鳥獣に集落をエサ場として認識させないために重要です。

追い払い活動

1. 鳥獣を様々な手段を用いて山に追い払う取り組みは、集落は危険な場所だと鳥獣に認識させるために効果的です。

2. 追い払いに際しては、簡易なロケット花火発射装置や、パチンコを使用するなど、集落のだれもが取り組むことができる、労力が小さくて済む方法を選択することが重要です。

3. また、最近では、サル等の鳥獣を追い払うための訓練を受けた犬（モンキードッグなど）を用いて、追い払い活動に取り組む地域も増えています。（コラム参照）

ロケット花火発射道具

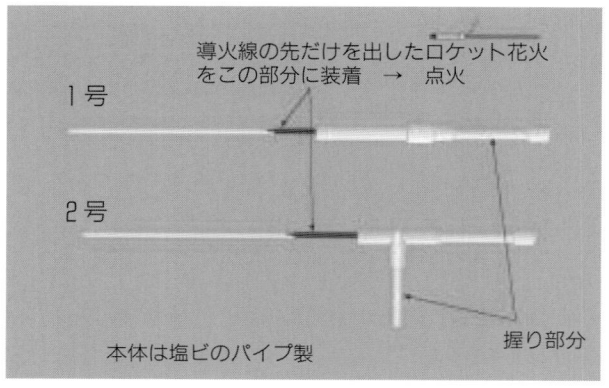

1号　導火線の先だけを出したロケット花火をこの部分に装着　→　点火

2号

本体は塩ビのパイプ製　　握り部分

（出典）農林水産省「野生鳥獣被害防止マニュアル　イノシシ、シカ、サル―実践編―」
※花火を使用して追い払いを実施する場合には、火災には十分注意してください。

（コラム）
モンキードッグの取り組み

1. サルの追い払いには犬の活用が有効であることから、全国でモンキードッグの導入が進められており、平成20年度時点では、全国で21都道府県（42市町村）において実施されています。

2. モンキードックの導入に当たっては、飼い主との主従関係、地理・地形への適合性等が重要です。訓練方法としては、
   ① 飼い犬を犬の訓練所へ委託して訓練
   ② 犬の訓練士の指導の下、飼い主自らが訓練
   等の方法によって、モンキードッグの育成が行われています。

3. なお、従来はモンキードッグの取り組みを実施するためには、都道府県において個別に条例を定める必要がありましたが、平成19年11月に動物愛護法の告示が改正され、野生鳥獣による被害を防ぐためであれば、適正なしつけ及び訓練がされていることを前提として、犬の放し飼いが認められるようになりました。

○ 追い払い犬を活用した獣害対策事業の取組状況

平成20年4月現在

年　度	都道府県数 （累　計）	市町村数 （累　計）
H17	2	8
H18	12	19
H19	16	33
H20 （予定含む）	21	42

（農林水産省調べ）

○　追い払い犬の訓練方法
　①　犬の訓練所へ委託（主に警察犬訓練所、救助犬訓練所など）
　　・訓練期間　3～8ヶ月程度
　　・訓練費用　4.2～6.5万円／月程度

　②　飼い主による訓練（犬の訓練士派遣）
　　・訓練期間　4ヶ月程度
　　・訓練費用　2.5万円／月程度

| 都道府県別追い払い犬を活用した獣害対策の取組状況 | （平成20年4月現在）

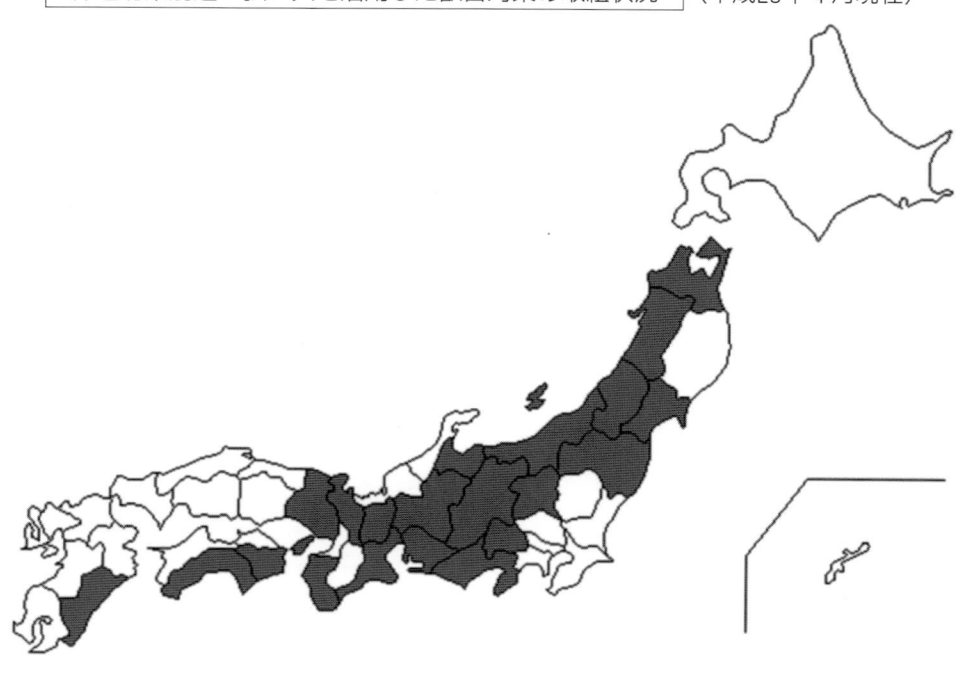

緩衝地帯の整備

1. 鳥獣は、自分の身を隠すことができない環境を警戒します。

2. このため、山と農地の間にある耕作放棄地等の雑木や雑草を刈り払い、見通しの良い緩衝地帯（バッファーゾーン）を設置すると、鳥獣が農地へ侵入しづらい環境を整備することができます。

3. 地域によっては、雑草の刈り払いの労力を低減するなどの観点から、牛やヤギなどを放牧し、緩衝地帯を整備している事例があります。

4. 牛やヤギなどを活用した緩衝地帯の整備については、
   ①　牛やヤギが雑草を食べるため、見晴らしが良くなる
   という直接的な効果があるほか、
   ②　集落の人が放牧地の見回りや見学に来るため、鳥獣が訪ねてきた人間を警戒して農地に侵入しづらくなる
   等の間接的な効果があるといわれています。

侵入防止柵設置の注意点

1. イノシシやシカ、サルは、多くの場合、侵入防止柵のつなぎ目や地面の間にできるすき間から侵入しようします。このため、侵入防止柵の設置に当たっては、このようなすき間をなくすことが重要です。

2. 特に傾斜地で侵入防止柵を設置する場合には、つなぎ目のすき間が発生しないよう、注意してください。

3. なお、道路、河川など、侵入防止柵を設置できない地点については、侵入防止柵を道路等に沿って数十メートル折り返すことで、鳥獣の侵入防止に効果があるという報告があります。

○ 各種侵入防止柵の特徴

	特　徴	対象獣種
トタン板	・鳥獣の視界を遮ることによる侵入防止効果 ・200〜500円／m程度	イノシシ：○ シカ：× サル：×
金網フェンス	・イノシシやシカに網目を押し広げられないように、網目幅は10cm以下がよい ・200〜1,200円／m程度	イノシシ：◎ シカ：◎ サル：×
ワイヤーメッシュ柵	・上部を外に向けて折り返すと侵入防止効果が向上する ・250〜500円／m程度	イノシシ：◎ シカ：○ サル：×
ネット柵	・野生獣にかみ切られないよう、ネットは緩めに張る方が侵入防止効果が高くなる ・200〜1,200円／m程度	イノシシ：○ シカ：○ サル：○
電気柵（電線型）	・漏電防止のため、雑草の管理が必要 ・250〜1,000円／m程度	イノシシ：◎ シカ：◎

トタン板	金網柵
ワイヤーメッシュ柵	ネット柵（シカ用）
電気柵（電線型）	電気柵（ネット型）

（出典）農林水産省「野生鳥獣被害防止マニュアル　イノシシ、シカ、サル―実践編―」

被害防止技術を知りたい

侵入防止柵の管理

1. 被害を防ぐためには、侵入防止柵について、設置後の管理を適切に行うことが重要です。

2. 侵入防止柵の周辺に雑草が生い茂ると、
   ① 電気柵については漏電の原因となり、電気ショックによる被害防止効果が発揮できない
   ② 電気柵以外の柵であっても、雑草が生い茂っていると鳥獣が人間から身を隠せるため、鳥獣が安心して侵入防止柵のすき間などの侵入経路を探すことができる機会を提供してしまう
   など、せっかく侵入防止柵を設置しても、その効果が発揮できなくなってしまいます。

3. 鳥獣を農地に侵入させないためにも、地域全体で侵入防止柵の管理を行うことが重要です。

第4章

鳥獣の捕獲技術

この章では、鳥獣の捕獲技術のうち、最近、安全で効果的な捕獲方法として注目されている箱ワナによる捕獲について、イノシシの捕獲を中心にご説明します。

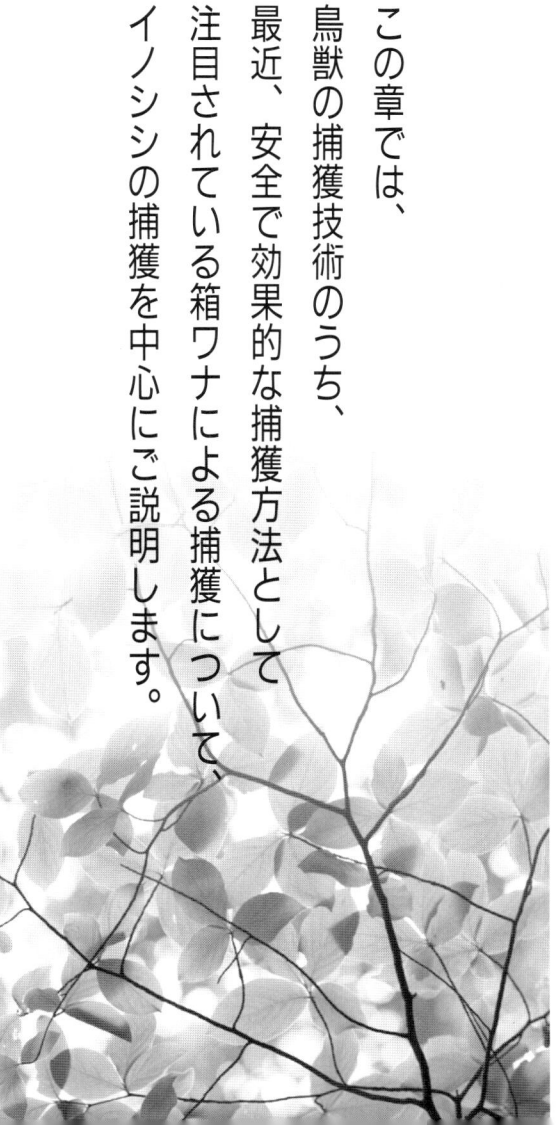

箱ワナによる捕獲は設置場所が重要

1. 箱ワナによる捕獲は、イノシシの場合、80％以上は設置場所で成果が決まります。適切な場所に箱ワナを設置すれば、同じ場所で複数回、イノシシを捕獲することも可能です。

2. 箱ワナを設置するには、
   ①　暗くもなく、明るくもなく、適度な明るさがある
   ②　近くにヌタ場（イノシシが泥浴びを行う水場）がある
   という場所が適しています。

3. また、人家等の構造物からあまり離れていない場所の方が、イノシシは構造物に慣れているため、人工物である箱ワナへの警戒心を弱めることができます。

※箱ワナは仕様にもよりますが、多くの場合、1基当たり5〜15万円程度で購入できます。

イノシシのヌタ場

（出典）農林水産省「野生鳥獣被害防止マニュアル　イノシシ、シカ、サル―実践編―」

生け捕り用移動箱檻

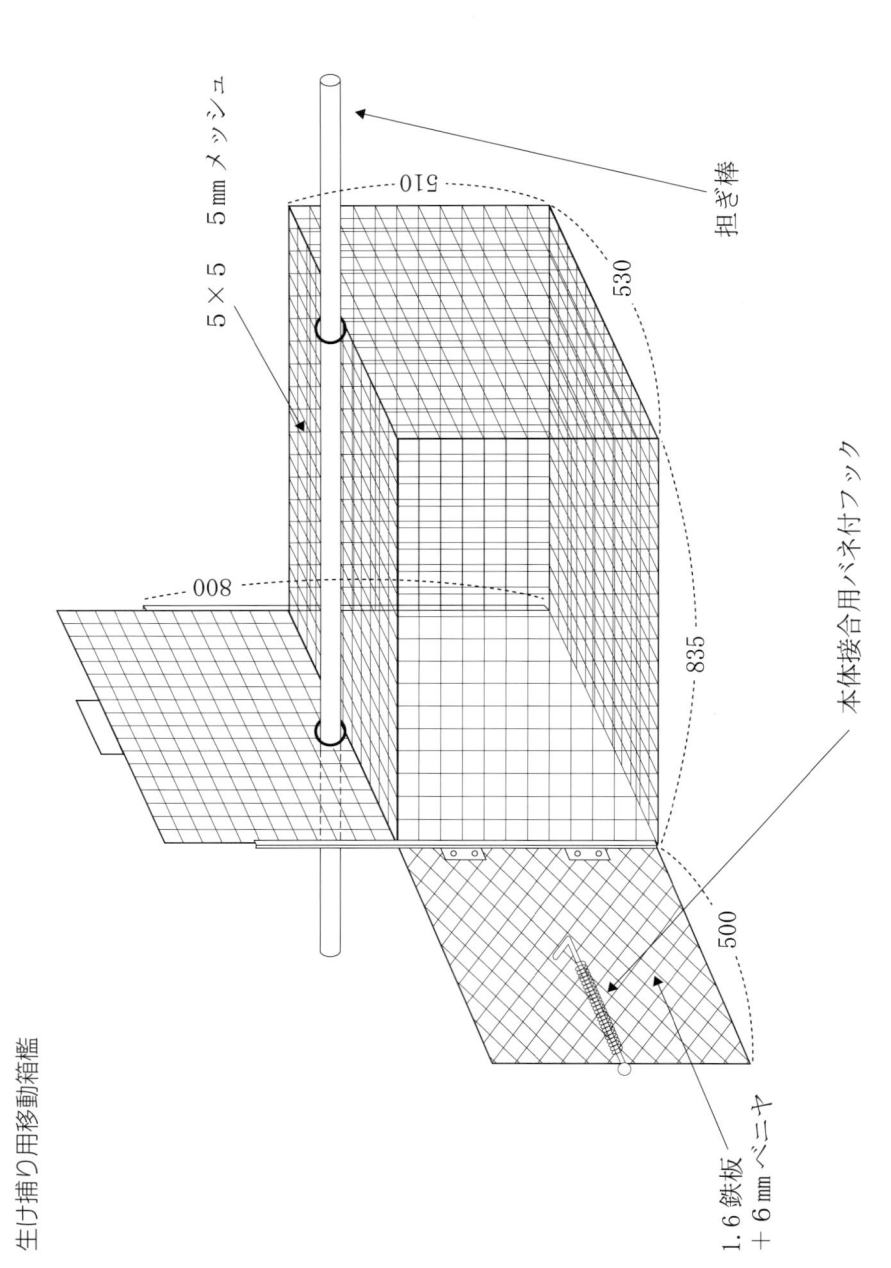

5×5　5mmメッシュ

担ぎ棒

510
530
800
835
500

本体接合用バネ付フック

1.6鉄板＋6mmベニヤ

竹林や大杉の中に箱檻を設置すれば夏冬暗さが一定しているため母子イノシシが安心して同時に捕獲できます。

人家近くに設置した箱檻にて捕獲できたイノシシ

第4章 鳥獣の捕獲技術

人家近くで捕獲したイノシシ

効果的な捕獲技術を知りたい

箱ワナの設置方法の
ポイント

1. イノシシは箱ワナの入口の段差を嫌いますので、入口は土などで覆ってバリアフリーにすることが重要です。

2. イノシシは鉄板などの足が滑る場所を嫌います。底面の金属が見えないように周辺の土で覆うと、イノシシは安心して箱ワナに入ってきます。

3. また、箱ワナは山側と並行になるよう設置するとよいでしょう。なお、斜面の場合は地面を少し掘り、底面が傾かないようにしてから設置してください。

理想的な設置方法
底に土を入れ入口はバリアフリーにする

箱ワナ捕獲でのエサのポイント

1. イノシシは美食家ですので、箱ワナで捕獲するにはおいしいエサを置くことが重要です。

2. エサは米ぬかを主体に、米、小麦、おから、さつまいも、りんご、酒粕、ワインなどを混ぜ合わせ、箱ワナ内にたっぷり置いてください。季節によってエサを変えるのも良い方法です。（さつまいもやリンゴなどの果実は細かく刻んでください。）

3. エサの置き場所も重要です。箱ワナの内側の両側にエサを置くと、イノシシにとってはエサが見えているのに箱ワナの格子が邪魔をして食べられないという状況になるので、入口を探して箱ワナに入ってきます。

4. なお、箱ワナの外にイノシシを誘導するためのエサ（まき餌）を置くと、イノシシは安全な外のエサだけを食べて、箱ワナ内のエサには手を出さなくなるので注意が必要です。

侵入防止柵と組み合わせた箱ワナでの捕獲

1. イノシシは警戒心の強い動物ですので、田畑においしい米や野菜があり、そこに好き放題入ることができれば、危険を冒してまで箱ワナには入りません。

2. また、個別の田畑を侵入防止柵で囲っても、イノシシは侵入防止柵で囲われていない田畑を狙って侵入します。

3. 山際に侵入防止柵を設置し、柵外の好条件の場所（47頁を参照）に箱ワナを設置すれば、被害を発生させているイノシシを効率的に捕獲することができます。

山林

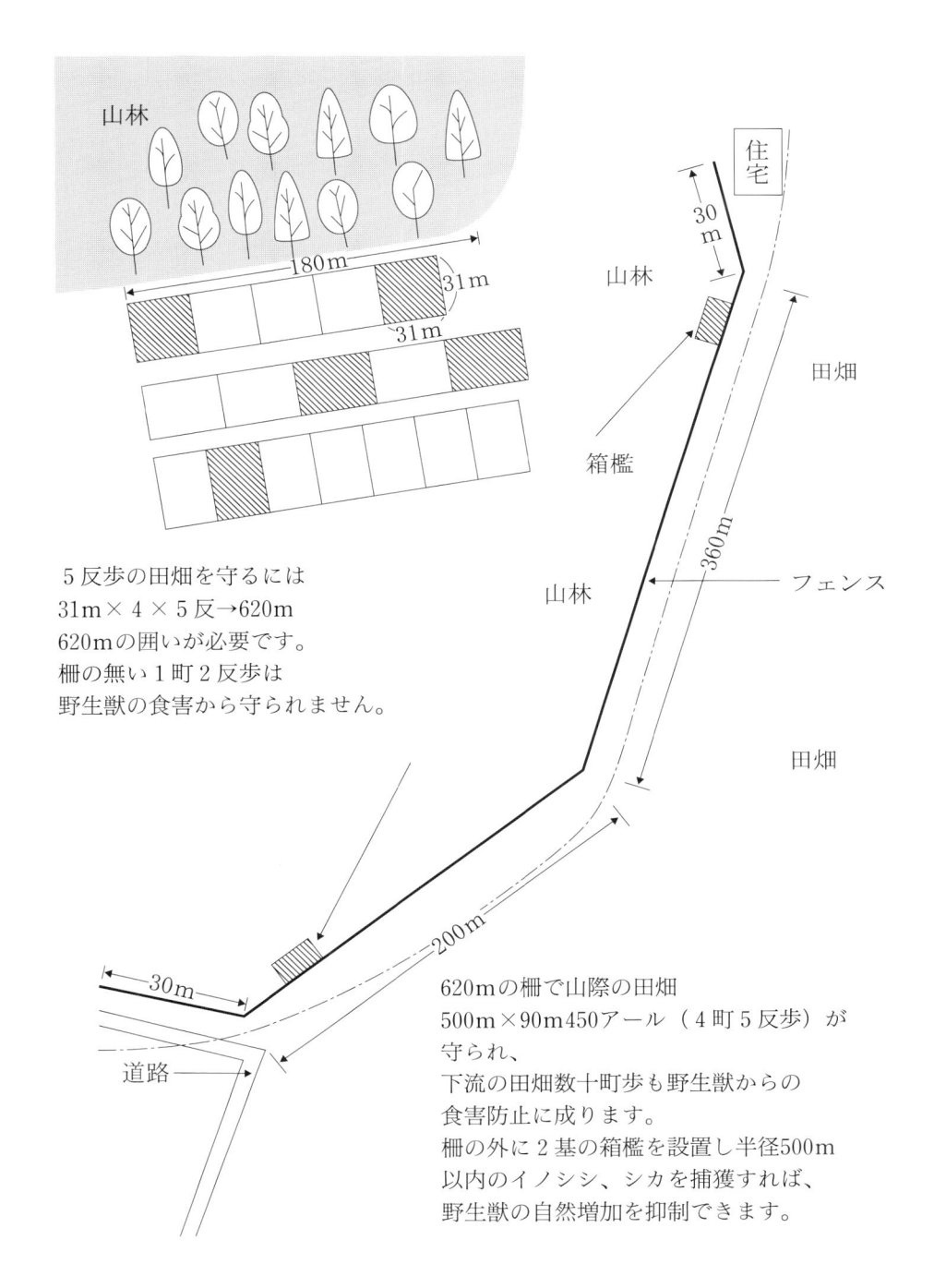

180m
31m
31m

5反歩の田畑を守るには
31m×4×5反→620m
620mの囲いが必要です。
柵の無い1町2反歩は
野生獣の食害から守られません。

住宅
30m
山林
箱檻
田畑
360m
フェンス
山林
田畑
30m
200m
道路

620mの柵で山際の田畑
500m×90m450アール（4町5反歩）が
守られ、
下流の田畑数十町歩も野生獣からの
食害防止に成ります。
柵の外に2基の箱檻を設置し半径500m
以内のイノシシ、シカを捕獲すれば、
野生獣の自然増加を抑制できます。

効果的な捕獲技術を知りたい

道路
住宅

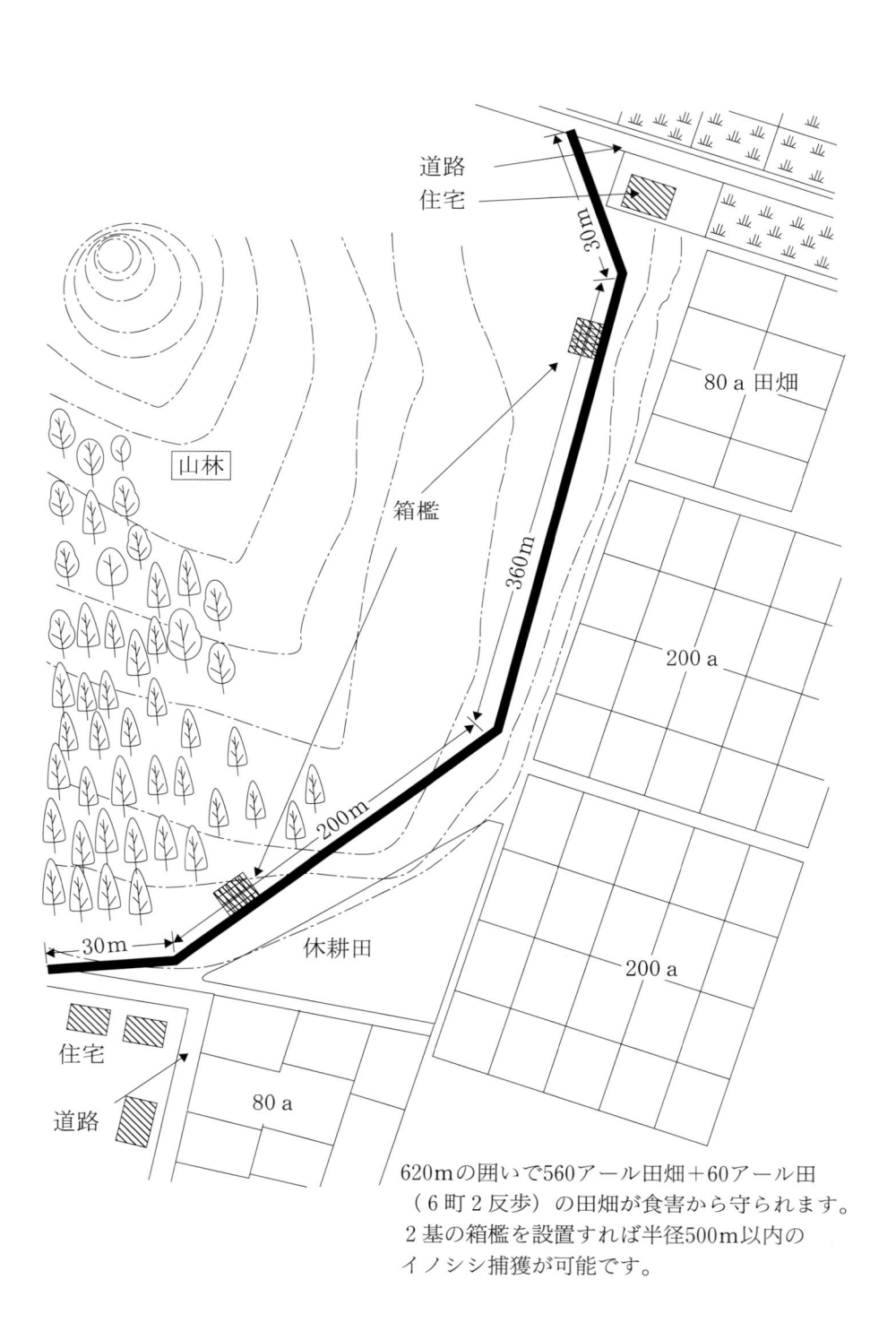

30m

80a 田畑

山林

箱檻

360m

200a

200m

200a

30m

休耕田

住宅
道路
80a

620mの囲いで560アール田畑＋60アール田
（6町2反歩）の田畑が食害から守られます。
2基の箱檻を設置すれば半径500m以内の
イノシシ捕獲が可能です。

箱ワナの管理は地域全体で

1. 箱ワナの設置、見回り、捕獲後の処分などの多くの作業を狩猟者だけで行うのは難しい面があり、無理をしても長続きしません。

2. 箱ワナによる捕獲は、例えば地域の農家や住民の皆さんが箱ワナの運搬に協力する、捕獲の状況を見回ってイノシシが入っていた場合は狩猟者に連絡するなど、地域全体で管理を行うことが大切です。

3. また、被害対策は捕獲だけでは不十分で、農家や住民の皆さんが一体となって、鳥獣を引き寄せないための侵入防止柵の管理や耕作放棄地の刈り払い等を行うことも重要です。

【島根県美郷町の取組】
　島根県美郷町では、従来、町内の地区ごとで編成していた5つの捕獲班を統合し、町全体を対象とする1つの捕獲班に再編成するとともに、農業者によるワナ免許の取得を推進し、地域ぐるみでの被害対策を推進しています。
　さらに、これまで有効活用されてこなかった夏に捕獲されたイノシシの肉を低脂肪でヘルシーな肉としてブランド化し、地域の活性化を図っています。

箱ワナ捕獲での止め刺しの ポイント

1. 筆者（須永）の場合は、箱ワナで捕獲したイノシシは、40kg以下のものは小さい移動用箱ワナに移して身動きが取れないようにした後に、ステンレス製の手製のヤリで止め刺しをしています。肉質を傷めないようにするためには、心臓か頸動脈、または頭を狙うのがよいでしょう。

2. 40kg以上のイノシシは、散弾銃を使用し、スラッグ弾により眉間を狙って止め刺しをしています。散弾の使用は、跳弾のおそれがありますので、スラッグ弾を使用するようにしてください。

30kgまでのイノシシは移動檻にかんたんに移動できる

第5章

捕獲鳥獣の利活用

この章では、近年、関心が高まっている鳥獣の肉利用についてご説明します。

捕獲鳥獣の利活用の現状

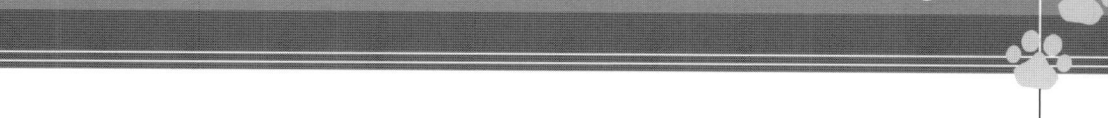

1. 被害防止対策を持続的に実施する観点からは、捕獲した鳥獣を地域資源としてとらえて、安全性を確保しつつ、肉の加工・販売等を通じて地域の活性化につなげる取り組みは重要です。

2. 農林水産省が実施した都道府県からの聞き取り調査によれば、平成20年12月時点で、全国で42ヵ所において、野生鳥獣を地域資源として活用する取り組みが行われています。

3. 国においては、農林水産省の補助事業により、捕獲した鳥獣の肉等を処理加工するための施設整備を支援しています。

野生鳥獣を地域資源として活用している事例（農林水産省調べ）
（平成20年12月現在）

番号	所在地	施設名	主な獣種	開設年月
1	北海道上川郡鷹栖町	エゾシカ解体処理加工施設「山恵」	シカ	H20.10
2	北海道釧路市阿寒町	㈲阿寒グリーンファーム食肉加工センター	シカ	H17.7
3	北海道根室市	㈲ユック食肉処理加工施設	シカ	H17.10
4	北海道斜里郡斜里町	㈲知床ジャニー	シカ	H16.12
5	北海道河東郡上士幌町	タカの巣農林	シカ	H12.9
6	北海道白糠郡白糠町	㈱馬木葉クラブ食肉処理場	シカ	H14.4
7	北海道野付郡別海町	E-DEER プロハンター	シカ	H8.10
8	北海道標津郡中標津町	久万田産業㈱	シカ	H10.12
9	岩手県大船渡市三陸町	農畜産物加工処理施設	シカ	H元.1
10	群馬県みどり市東町	黒川ハム生産加工組合	シカ、イノシシ	H11.4
11	群馬県吾妻郡中之条町	あがしし君工房	イノシシ	H19.3
12	千葉県勝浦市	ジビエ勝浦	イノシシ	H20.6
13	千葉県夷隅郡大多喜町	大多喜町都市農村交流施設	イノシシ	H18.6
14	東京都奥多摩町	奥多摩町食肉処理加工施設「森林恵工房　峰」	シカ	H18.5
15	長野県大鹿村	ヘルシーミート大鹿	シカ	H15.10
16	福井県福井市	イノシシ処理解体施設	イノシシ	H20.4
17	愛知県新城市	㈱三河猪屋	イノシシ	H19.11
18	三重県多気郡大台町	鳥獣屋	シカ、イノシシ	H16.11
19	滋賀県高島市	滋賀県猟友会朽木支部解体処理加工施設	シカ	H20.6
20	兵庫県丹波市	鹿肉加工施設	シカ	H18.11
21	鳥取県鳥取市鹿野町	イノシシ解体処理施設	イノシシ	H17.3
22	鳥取県東伯郡三朝町	イノシシ解体処理施設	イノシシ	H15.12
23	島根県益田市美都町	美都猪処理場	イノシシ	H13.10
24	島根県江津市	猪加工販売センター　榎木の郷	イノシシ	H16.8
25	島根県邑智郡美郷町	邑智食肉処理加工場	イノシシ	H16.6
26	島根県邑智郡邑南町	はすみ特産加工センター猪肉加工場	イノシシ	H7.4
27	岡山県新見市	新見市大佐猪解体処理施設	イノシシ	H17.10
28	岡山県苫田郡鏡野町	イノシシ牧場	イノシシ	H8.10
29	広島県呉市倉橋町	イノシシ解体処理簡易施設	イノシシ	H15.5
30	広島県呉市川尻町	イノシシ処理センター	イノシシ	H16.3
31	山口県萩市	うり坊の郷 katamata	イノシシ	H13.5
32	香川県東かがわ市	五色の里	イノシシ	H17.12
33	愛媛県鬼北町	鬼北きじ工房	キジ	H15.4
34	高知県四万十市	しまんとのもり組合鳥獣解体場	イノシシ	H16.2
35	長崎県北松浦郡江迎町	いのしし肉加工販売所ヘルシーBOAR	イノシシ	H15.4
36	長崎県南松浦郡新上五島町	有害鳥獣有効利用施設	イノシシ	H19.4
37	長崎県対馬市美津島町	ディアー・カンパニー	イノシシ	H18.10
38	長崎県松浦市	イノシシ加工所不老の森	イノシシ	H18.10
39	長崎県長崎市	イノシシ等処理加工所	イノシシ	H18.5
40	熊本県球磨郡多良木町	猪処理センター	シカ、イノシシ	H6.6
41	熊本県天草郡御所浦町	山王館	イノシシ	H17.5
42	鹿児島県伊佐市	菱刈有害鳥獣処理施設	シカ、イノシシ	H20.11

※都道府県から報告のあった野生鳥獣の処理加工施設を取りまとめたものであり、すべてを網羅したものではありません。

捕獲鳥獣の肉利用についての規制

1. 野生鳥獣を食肉として流通させようとする場合には、食品衛生法に基づいて、
   ① 施設については、都道府県等の条例で定められた施設基準に適合する旨の食肉処理業の許可を受けること
   ② 食肉の処理に当たっては、厚生労働省が定める食肉の調理・保存基準のほか、条例で定める管理運営基準に適合していること
   が必要です。

2. 個別具体的な事例については、最寄りの保健所にご相談ください。

3. なお、野生鳥獣の肉を食べる場合には、
   ① 食肉の処理に当たっては、消化器官内の残留物が食肉を汚染しないよう処理する等衛生的に取り扱うこと
   ② 寄生虫症や人獣共通感染症等の感染防止の観点から、生食を避け、十分に加熱すること
   等に留意する必要があります。

イノシシの肉処理のポイント①
（血抜き）

1. イノシシ肉をおいしく食べるためには、解体を素早く行うことがポイントです。

2. 止め刺し（58頁を参照）をしたイノシシは、頭を下にして左の頸動脈を切り、血抜きを行ってください。

3. 血抜きが終われば、次は内臓を取り出します。体温が残っている時間であれば、内臓はきれいに取り出せます。なお、肝臓についている胆のう及び、オスイノシシについている精輸管には傷を付けないように注意してください。胆のう液や精液が付着した肉は、苦みや臭いがつき、食べられなくなります。

4. 内臓を取り出したイノシシは、沢の清流に4～5時間つけるなどして冷却します。急激に体温を下げることによって血管を収縮させ、体内に残っている血を排出させるのです。

清流で体をキレイにする

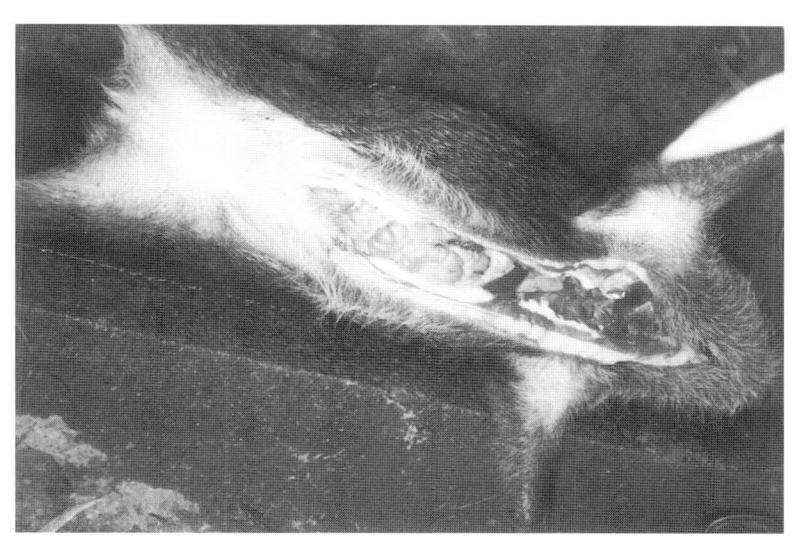

ワタヌキは捕獲後すばやく行う

捕獲鳥獣の肉を利活用したい

イノシシの肉処理のポイント②
(皮剥ぎ)

1. イノシシの解体は皮剥ぎから始めます。清流などで冷却したイノシシは、脂肪が固くなり、容易に皮剥ぎができます。

2. 最初に、4本の足首にスティッキングナイフ（肉を切るためのナイフ）で横に切れ目を入れ、そこから足の付け根まで切り込みを入れます。

3. 次に、スキニングナイフ（皮剥ぎ用のナイフ）を使用して、足の皮から順に全身の皮を剥いでいきます。イノシシの体にスキニングナイフを平行に当てれば、おいしい脂身を体に残しつつ、上手に皮を剥ぐことができます。

※解体用のナイフの使用等に当たっては、銃刀法等の関係法令を遵守してください。

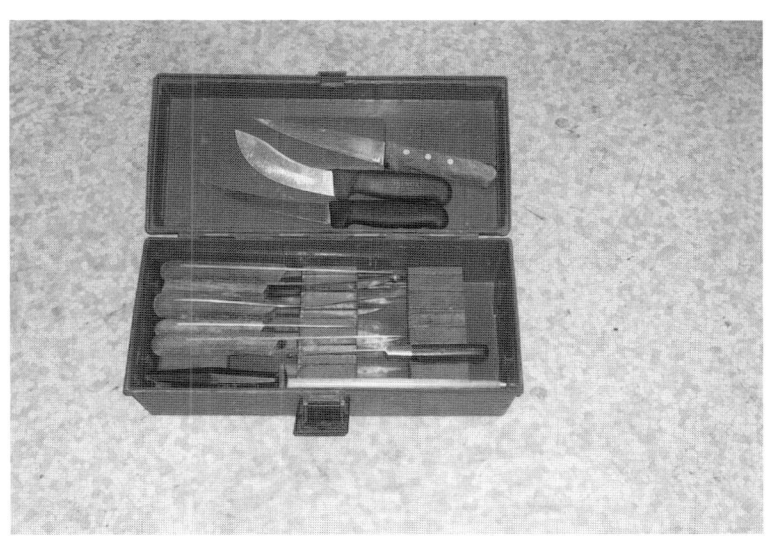

筆者（須永）の愛用ナイフ　上　ステッキング
　　　　　　　　　　　　　中　スキニング
　　　　　　　　　　　　　下　ボーニング

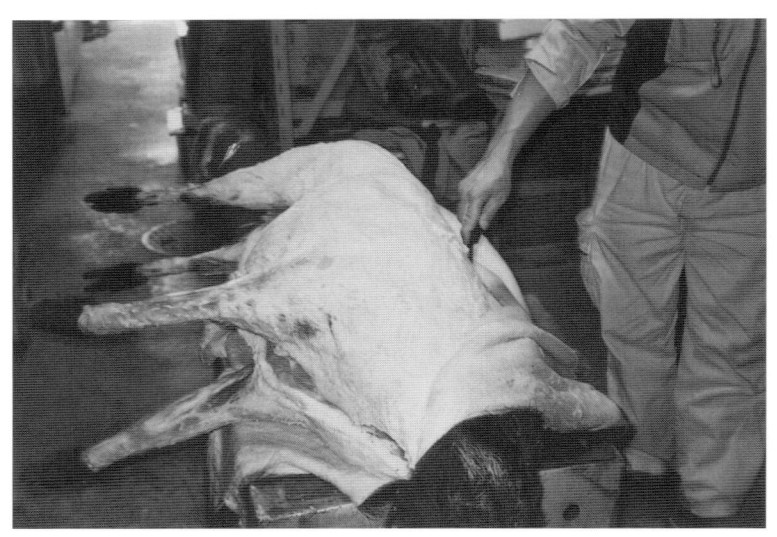

皮剥ぎはスキニングナイフで行う

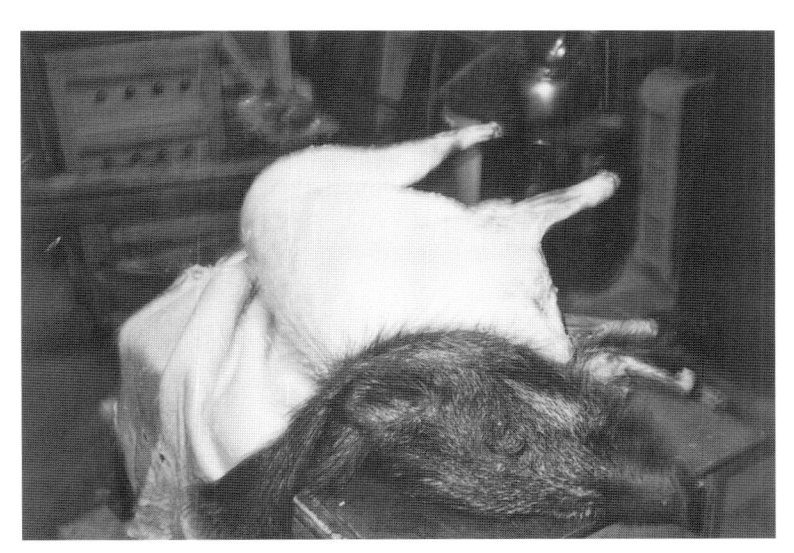

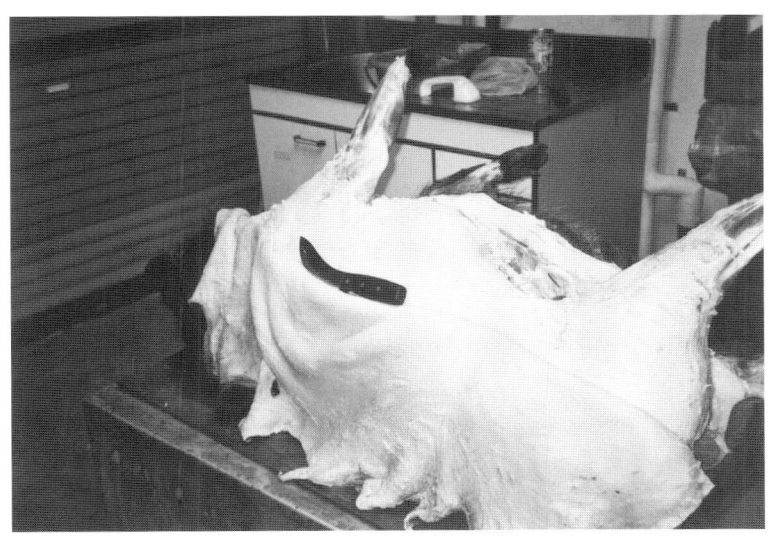

皮剝ぎがほとんど終了した脂ののったメスイノシシ

イノシシの肉処理のポイント③
（肉の切り分け）

1. 皮を剥いだ後は、ボーニングナイフ（骨と肉を切り分けるためのナイフ）を使って肉を切り分けます。最初に、4本の足首と頭を切り落とします。

2. 次に、ろっ骨の内側からヒレ肉を取り出します。さらに足から筋に沿ってモモ肉を切り分けます。

3. その後、残った胴体部分を腹ばいにして背骨に沿って切れ目を入れ、ろっ骨に沿ってロース肉付きバラ肉を切り離します。

4. 最後に、頭部からホホ肉、タンなどを取って解体は終了です。

簡単に作れるイノシシ料理

1. イノシシ肉に対して固い、くさいなどの先入観を持っている人がいますが、適切に処理、解体したイノシシ肉は、非常においしく食べることができます。

2. モモ肉、ロース肉、バラ肉は、焼き肉、しゃぶしゃぶ、すき焼きなど、全ての料理に合います。カレーに入れてもひと味違った風味が楽しめます。

3. ヒレ肉はオーブンで軽く焼き、タタキのようにして生わさびやショウガ醬油で食べるとおいしいです。一口カツにしてもよいでしょう。

4. ホホ肉やタンは、塩こしょうだけで炭火焼きにするだけで非常においしいです。内臓は新鮮なうちに2回ほどボイルしてアク抜きをした後に、モツ煮やモツ鍋にするとよいでしょう。
　また、肉が付いたろっ骨は冷水からアクを取りながらじっくり煮立てると、ラーメンやうどんのダシに使えるおいしいスープが取れます。

参考
鳥獣被害対策に関する官庁窓口

農林水産省　　　生産局農業生産支援課　鳥獣被害対策室（内線4772）
　〒100-8950　東京都千代田区霞ヶ関１－２－１　　　　　　　　TEL：03-3502-8111代

東北農政局　　　生産経営流通部農産課　鳥獣害対策係（内線4096）
　〒980-0014　仙台市青葉区本町３－３－１仙台合同庁舎　　　　TEL：022-263-1111代

関東農政局　　　生産経営流通部農産課　鳥獣害対策係（内線3318）
　〒330-9722　さいたま市中央区新都心２－１さいたま新都心合同庁舎２号館　TEL：048-600-0600代

北陸農政局　　　生産経営流通部農産課　鳥獣害対策係（内線3318）
　〒920-8566　金沢市広坂２－２－60金沢広坂合同庁舎　　　　　TEL：076-263-2161代

東海農政局　　　生産経営流通部農産課　鳥獣害対策係（内線2471）
　〒460-8516　名古屋市中区三の丸１－２－２　　　　　　　　　TEL：052-201-7271代

近畿農政局　　　生産経営流通部農産課　鳥獣害対策係（内線2319）
　〒602-8054　京都市上京区西洞院通下長者町下ル丁子風呂町　　TEL：075-451-9161代

中国四国農政局　生産経営流通部農産課　鳥獣害対策係（内線2429）
　〒700-8532　岡山市下石井１－４－１岡山第２合同庁舎　　　　TEL：086-224-4511代

九州農政局　　　生産経営流通部農産課　鳥獣害対策係（内線4218）
　〒860-8527　熊本市二の丸１－２熊本合同庁舎　　　　　　　　TEL：096-353-3561代

沖縄総合事務局　農林水産部農畜産振興課　生産総合指導係（内線83362）
　〒900-0006　那覇市おもろまち２－１－１　　　　　　　　　　TEL：098-866-0031代

参照文献

「山の畑をサルから守る　おもしろ生態とかしこい防ぎ方」
　井上雅央　著／社団法人農山漁村文化協会（2002年1月）
「イノシシから田畑を守る　おもしろ生態とかしこい防ぎ方」
　江口裕輔　著／社団法人農山漁村文化協会（2003年3月）
「山と田畑をシカから守る　おもしろ生態とかしこい防ぎ方」
　井上雅央・金森弘樹　著／社団法人農山漁村文化協会（2006年2月）
「野生鳥獣被害防止マニュアル　イノシシ、シカ、サル　ー実践編ー」
　農林水産省生産局　編著（2007年3月）
「[改訂4版] 鳥獣保護法の解説」
　鳥獣保護管理研究会　編著／大成出版社（2008年6月）
「Q&A 早わかり鳥獣被害防止特措法」
　自由民主党農林漁業有害鳥獣対策検討チーム　編著／大成出版社
　（2008年7月）

（執筆者一覧と分担（執筆順））

野津　喬（のづ　たかし）
　農林水産省生産局農業生産支援課
　鳥獣被害対策室　課長補佐
　（第1章〜第3章）

須永　重夫（すなが　しげお）
　農林水産省農作物野生鳥獣被害対策アドバイザー
　栃木県猟友会足利 和(なごみ) 支部会員
　（第4章、第5章（※））　※61頁〜63頁は野津　喬が執筆。

> イノシシ等の鳥獣被害について、捕獲技術指導・講演会・相談等をご希望の方は下記までご連絡ください。
> 　〒326-0802　栃木県足利市旭町850
> 　　　　　須永　重夫
> 　TEL 0284(41)2274　　FAX 0284(41)2240

よくわかる鳥獣被害対策のポイント
ー被害防止から活用までー

2009年5月2日　第1版第1刷発行
2011年7月30日　第1版第3刷発行

編　著	野　津　　　喬	
	須　永　重　夫	
発行者	松　林　久　行	
発行所	株式会社 大成出版社	

東京都世田谷区羽根木1ー7ー11
〒156-0042　電話 03(3321)4131(代)
http://www.taisei-shuppan.co.jp/

©2009　野津　喬・須永重夫　　　　印刷　信教印刷

落丁・乱丁はおとりかえいたします

ISBN978-4-8028-2873-4

図書のご案内

Q&A 早わかり鳥獣被害防止特措法

自由民主党農林漁業有害鳥獣対策検討チーム／編著

Ａ５判・並製・200頁・定価2,520円（本体2,400円）　図書コード0576

農林水産業被害対策の取り組みポイントをわかりやすく解説。

［改訂4版］鳥獣保護法の解説

鳥獣保護管理研究会／編著

Ａ５判・670頁・定価6,720円（本体6,400円）　図書コード0556

きめ細やかな逐条解説により、条文理解に最適。
法律政令省令の早見表を登載する他、関係法規も充実。

［逐条解説］農山漁村活性化法解説

農山漁村活性化法研究会／編著

Ａ５判・並製・210頁・定価2,940円（本体2,800円）　図書コード0566

活性化計画について、条文に沿って具体的に解説。
都道府県、市町村が作成する所有権移転等促進計画の記載内容も明らかにしている。

ご注文はホームページから
http://www.taisei-shuppan.co.jp/

株式会社 大成出版社　〒156-0042　東京都世田谷区羽根木1-7-11
Tel 03-3321-4131　　Fax 03-3325-1888